Gulcin Yildiz
Gokcen Izli

Processo não térmico

Gulcin Yildiz
Gokcen Izli

Processo não térmico

ScienciaScripts

Cover image: www.ingimage.com

This book is a translation from the original published under ISBN 978-3-659-97350-5.

Publisher:
Sciencia Scripts
is a trademark of
Dodo Books Indian Ocean Ltd. and OmniScriptum S.R.L publishing group

120 High Road, East Finchley, London, N2 9ED, United Kingdom
Str. Armeneasca 28/1, office 1, Chisinau MD-2012, Republic of Moldova, Europe
Printed at: see last page
ISBN: 978-620-5-79218-6

PROCESSO NÃO TÉRMICO: TECNOLOGIA DE ULTRA-SONS

Por Gulcin Yildiz e Gokcen Izli

PREFÁCIO

Os tratamentos térmicos convencionais aplicados aos alimentos proporcionam a segurança dos alimentos, reduzindo ou eliminando a actividade microbiana e provocando alterações físicas ou químicas nos alimentos para satisfazer um certo padrão de qualidade. Contudo, existe um problema com o tratamento térmico aplicado aos alimentos. Este problema é a perda de componentes voláteis, nutrientes e sabor dos alimentos. Os métodos não térmicos tornaram-se populares a fim de lidar com este problema de qualidade na indústria alimentar. As tecnologias não térmicas têm a capacidade de inactivar microrganismos a temperaturas próximas da temperatura ambiente sem causar efeitos adversos na cor, sabor, textura e valor nutricional dos alimentos causados por temperaturas elevadas. Entre os métodos não térmicos, ultra-sons (US), campos eléctricos pulsados (PEF), e processamento de alta pressão (HPP) são comummente utilizados pela indústria alimentar. O ultra-som tem vibrações semelhantes a ondas sonoras que têm uma frequência muito elevada (18 kHz - 500 MHz) que os seres humanos não são capazes de ouvir. Estas vibrações provocam ciclos de compressão e expansão e depois efeito de cavitação em ambiente biológico. A colisão implosiva de bolhas cria pontos com pressões e temperaturas muito elevadas que podem corromper as estruturas celulares. Esta intensa entrada de energia acelera tanto as reacções físicas como químicas, melhora a química de superfície e provoca um movimento severo das partículas. Isto cria colisões inter-partículas de alta velocidade.

O presente livro foi escrito para mostrar as vantagens das tecnologias não térmicas em comparação com os processos térmicos, dando informações sobre as técnicas não térmicas aplicadas aos alimentos. Em particular, entre as tecnologias alternativas não térmicas, a tecnologia de ultra-sons será examinada em pormenor, explicando o princípio de funcionamento das ondas sonoras ultra-sónicas e a sua utilização na indústria alimentar.

Este livro é composto por três partes, cujos pormenores poderá ver abaixo:

Capítulo Um: Esta secção fornece informações sobre os métodos não térmicos utilizados na indústria alimentar, as suas utilizações e efeitos sobre as alterações físicas e químicas dos alimentos.

Capítulo Dois: Esta secção fornece informações sobre o princípio de funcionamento das ondas sonoras ultra-sónicas não térmicas e a sua utilização na indústria alimentar.

Capítulo Três: Esta secção resume os pontos importantes mencionados ao longo do livro.

Ao ler este livro, acreditamos que obterá uma visão geral dos processos não térmicos aplicados na indústria alimentar. Lerá as vantagens e desvantagens dos processos não térmicos em comparação com os processos térmicos amplamente utilizados, e testemunhará a sua superioridade uns contra os outros. Neste livro, especialmente os princípios de trabalho das ondas sonoras ultra-sónicas e a sua utilização na indústria alimentar serão tratados em pormenor. Esperamos que este livro seja um guia para o seu trabalho futuro.

Aos nossos pais, pelo seu amor e apoio

ÍNDICE

LIST OF ABBREVIATIONS

FDA:	US Food and Drug Administration
HPP:	High Pressure Processing
HTST:	High temperature – short time
kHz:	Kilohertz
kPa:	Kilopaskal
MS:	Manosonication
MTS:	Mano-thermo-sonication
mo:	Mikroorganism
PEF:	Pulsed electric field
UHT:	Ultra high temperature
US:	Ultrasound
TS:	Thermosonication

CAPÍTULO 1

PROCESSAMENTO NÃO TÉRMICO

Tratamentos térmicos tradicionais aplicados aos alimentos:

- reduzir ou eliminar a actividade microbiana,
- reduzir ou eliminar a actividade enzimática, e
- causar alterações físicas ou químicas para satisfazer um certo padrão de qualidade dos alimentos (Manas et al., 2005).

No entanto, um problema com o tratamento térmico aplicado aos alimentos é que a perda de alimentos:

- componentes voláteis,
- nutrientes, e
- gosto (Manas et al., 2005).

Os métodos não térmicos tornaram-se populares na indústria alimentar para ultrapassar estes problemas, para além de aumentar a velocidade de produção e o lucro. O processamento não térmico pode ser utilizado para todos os tipos de alimentos a fim de proporcionar melhor qualidade e prazo de validade. (Volimer et al., 1998).

Diferentes e mais comuns métodos não térmicos utilizados enumerados como:

- ultra-som (EUA),

- campo eléctrico pulsado (PEF), e

processamento a alta pressão (HPP).

As tecnologias não térmicas têm a capacidade de inactivar microrganismos a temperaturas próximas da temperatura ambiente sem causar efeitos adversos na cor, sabor, textura e valor nutricional dos alimentos causados por temperaturas elevadas. Por conseguinte, prossegue a investigação intensiva sobre técnicas não térmicas de conservação de alimentos, tais como processamento de alta pressão (HPP), campo eléctrico pulsado (PEF) e ultra-som (Manas et al., 2005).

Nos últimos anos, o interesse por produtos alimentares de alta qualidade tem vindo a aumentar continuamente devido à procura por parte dos consumidores. Isto levou a um aumento na procura de tecnologias de protecção alimentar não térmicas. Por esta razão, a indústria alimentar está a começar a utilizar técnicas tradicionais de processamento, que são geralmente realizadas a temperaturas mais baixas. Assim, as tecnologias não térmicas que reduzem os efeitos adversos das altas temperaturas na qualidade dos alimentos começaram a ser utilizadas (Ramisetty et al., 2015). Neste livro, as técnicas não térmicas de conservação de alimentos (US, PEF e HPP) serão avaliadas como métodos alternativos aos tratamentos térmicos.

O leite tem um ambiente favorável ao crescimento bacteriano. Os principais objectivos da pasteurização no leite são:

- inactivar as bactérias patogénicas,
- reduzir o número de microrganismos, e
- redução da actividade enzimática (Chandrapala et al., 2012)

- Proteínas,
- óleos,
- carbohidratos,
- minerais,
- vitaminas, e
- alto conteúdo em água

é um excelente substrato para o crescimento de bactérias. É um ambiente rico não só para a flora natural mas também para as bactérias patogénicas encontradas no ambiente e na actividade enzimática (Pelczar e Reid, 1972). Ao longo do tempo, o conceito de pasteurização mudou com a disponibilidade de novas tecnologias e microrganismos mais resistentes.

O conceito original de pasteurização baseava-se na relação tempo-temperatura para inactivação do patogénio mais resistente ao calor *(Mycobacterium tuberculosis)* encontrado no leite. No entanto, há mais de 30 anos, a relação tempo-temperatura mudou devido à descoberta de uma nova bactéria que é transmitida pelo consumo de leite no homem e cria um sabor Q (Pelczar e Reid, 1972).

Actualmente, a pasteurização do leite baseia-se no facto de alguns microrganismos mais resistentes ao calor e encontrados em epidemias recentes na indústria leiteira. Estes surtos são devidos não só à contaminação dos alimentos durante o transporte, mas também a um tratamento térmico aplicado inadequado durante o processamento. Motarjemi e Adams (2006) descreveram agentes patogénicos com crescente frequência de ocorrência ou aparecimento.

Muitos surtos alimentares foram notificados devido à presença de bactérias patogénicas na indústria alimentar ou relacionados com a contaminação pós-pasteurização (Air and Montville, 1995; Kozak et al., 1996; Ko and Grant, 2003; Mohan Nair et al., 2005).

A Listeria monocytogenes é um dos microrganismos patogénicos de origem alimentar que causam problemas na indústria alimentar. Este microrganismo foi seguido:

- *Salmonela,*
- *Escherichia coli 0157: H7,*
- *Clostridium botulinum,*
- *Campylobacter,* e
- *Staphylococcus aureus* (Banasiak, 2005).

L. monocytogenes foi descoberto no início do século passado, mas nos anos 80 houve um grande aumento na incidência deste microorganismo nos alimentos, e hoje tornou-se um dos mais importantes agentes patogénicos alimentares encontrados em carnes cruas e processadas, vegetais e produtos lácteos (McLauchlin, 2006). As instalações da indústria leiteira são uma boa fonte de contaminação da *Listeria,* e o solo, a água e mesmo as vacas podem infectar as culturas não tratadas e processadas com bactérias.

- *Saccharomyces cerevisiae* (Guerrero et al., 2005; Tsukamoto et al., 2004 a, b),
- *E. coli* (Ananta et al., 2005; Furuta et al., 2005),
- *L. monocytogenes* (Manas et al., 2000; Ugarte-Romero et al., 2007),
- *Salmonella* (Cabeza et al., 2004),
- *Shigella* (Ugarte-Romero et. al., 2007),
- *Bacillus subtilis* (Carcelus et l., 1998),
- *Salmonella typhimurium* (Wrigley e Llorca, 1992),
- *E. coli* (Zenker et al., 2003),
- *L. monocytogenes* (Earnshaw et al., 1995), e
- *Listeria innocua* (Bermudez-Aguirre e Barbosa-Canovas, 2008)

Alguns estudos foram realizados na literatura para a inactivação de tais bactérias em cima. Os estudos de inactivação sob o nome de ultra-sons (o uso de ondas sonoras para inactivar as células) têm sido positivos.

Por exemplo, num estudo com *L. monocytogenes* em leite desnatado, o tempo para redução da carga microbiana foi reduzido de 2,1 min para 0,3 min quando submetido a ultra-sons. A utilização de pressão em combinação com ultra-sons (mano-sonicação) permitiu uma redução significativa da inactivação de *L. monocytogenes* no leite desnatado.

Num outro estudo, utilizando a pressão e temperatura ambiente, o tempo de inactivação foi reduzido para 1,5 min aumentando a pressão para 200 kPa enquanto o tempo era de 4,3 min com tratamento apenas com ultra-sons; este valor foi considerado de 1,0 min quando a pressão anterior era o dobro

(400 kPa) foi utilizado. Quando a temperatura foi aumentada acima dos 50º C, a característica letal das ondas sonoras ultra-sónicas nas células de *Listeria* foi aumentada (Pagan et al., 1999).

Além disso, a termo-sonicação (combinação de calor e ondas sonoras ultra-sónicas) foi utilizada para prolongar a validade do leite cru (Bermudez-Aguirre et al., 2009) e do leite UHT (ultra alta temperatura) (Bermudez-Aguirre e Barbosa-Canovas, 2008). Também foi considerado útil para retardar o crescimento de bactérias mesófilas.

É importante salientar que o ultra-som tem a capacidade de pasteurizar o leite mas não o esteriliza. Segundo a FDA, enquanto a pasteurização é um processo que inactiva toda a população de microrganismos patogénicos no leite, a esterilização é a inactivação de microrganismos patogénicos, e de microrganismos formadores de esporos. O ultra-som demonstrou ser agora um processo adequado para pasteurizar apenas alguns alimentos líquidos, independentemente das diferentes temperaturas, amplitudes ou pressões.

CAPÍTULO 2

ULTRASOUND

2.1. Tecnologia de ultra-som

O ultra-som é um dos métodos alternativos de processamento térmico para proteger os alimentos. Os ultra-sons têm vibrações semelhantes às ondas sonoras, mas têm uma frequência muito elevada (20 kHz - 500 MHz) que o ser humano não consegue ouvir. Estas vibrações provocam ciclos de compressão e expansão e depois fenómenos de cavitação em ambientes biológicos. O colapso implosivo das bolhas cria pontos com pressões e temperaturas muito elevadas que podem destruir estruturas celulares (Sala et al., 1995). Esta intensa entrada de energia acelera tanto as reacções físicas como químicas, melhora a química da superfície e provoca um grave movimento das partículas. Isto causa colisões entre partículas de alta velocidade.

As técnicas ultra-sónicas têm encontrado uma utilização crescente na indústria alimentar para a análise e modificação de alimentos. Enquanto o ultra-som de baixa intensidade afecta as propriedades físicas ou químicas dos alimentos, o ultra-som de alta intensidade influencia as propriedades físico-químicas dos alimentos, tais como emulsificação, ruptura celular, iniciando reacções químicas, inibindo enzimas, amaciando a carne, e alterando o processo de cristalização (McClements, 2000).

A utilização de ultra-sons apenas para inactivação microbiana de alimentos não parece suficiente, pelo que diferentes autores tentaram utilizá-los com outros métodos para melhorar a sua actividade na inactivação microbiana e enzimática.

Tais combinações são:

a. thermosonication (calor + ultra-som),

b. manosonicação (pressão + ultra-som), e

c. manothermosonication (pressão + calor + ultra-som).

Estas combinações são consideradas eficazes contra microrganismos e enzimas. A combinação de calor e ultra-som ou calor e ultra-som sob pressão demonstrou aumentar significativamente os efeitos letais dos procedimentos aplicados (Sala et al., 1995; Zenker et al., 2003). Foi também relatado que os processos combinados de calor e ultra-som reduzem as temperaturas máximas do processo em 25-50%. As alterações de cor e vitamina C também foram reduzidas após a operação (Zenker et al., 2003).

Existem dois tipos de ultra-sons na indústria de processamento alimentar. Estes são:

- ultra-som de baixa intensidade, e
- ultra-som de alta intensidade.

A metodologia de ultra-sons de baixa intensidade é conhecida como método analítico não destrutivo. É utilizado para medir a estrutura, composição e taxa de fluxo dos alimentos. A metodologia da ultra-sonografia de alta intensidade, contudo, causa danos físicos nos tecidos quando utilizada a frequências elevadas. Por este motivo, são utilizados especialmente para o corte de alimentos ou desinfecção de equipamento. Os efeitos físicos e químicos do processo ultra-sónico em ambiente líquido e sólido estão a ser utilizados consideravelmente. No meio líquido, ocorrem forças físicas severas, tais como cavitação acústica, micro-jacto e ondas de choque. Estas forças são também uma das razões para a utilização de ultra-sons em emulsão e filtração (Chandrapala et al., 2012). A vantagem da tecnologia de processamento ultra-sónico de alimentos é a sua eficácia contra as células vegetais, esporos e enzimas. Além disso, o tempo de processo e as temperaturas são grandemente reduzidos.

2.2. Processador ultra-sónico

Estão disponíveis diferentes tipos de dispositivos para aplicações ultra-sónicas, dependendo da escala do processo. Os banhos ultra-sónicos e os sistemas de sonda são equipamentos amplamente utilizados. Qualquer que seja a indústria ou aplicação, os mesmos componentes básicos do sistema são necessários para gerar e transmitir ondas ultra-sónicas. Geralmente, as partes de um dispositivo de ultra-sons incluem gerador eléctrico (fonte de alimentação), conversor, e secções de sondas (Mason, 1998).

1. As casas de banho ultra-sónicas têm um mecanismo relativamente simples e de baixo custo que consiste numa tubagem metálica com um ou mais transdutores ligados às paredes do tanque. O produto a ser tratado é imerso directamente na banheira.

2. Os sistemas de sondas podem ser aplicados directamente no produto semelhante a um líquido com entrada de energia facilmente controlada. A Figura 2.1 mostra o sistema de sondas à escala laboratorial.

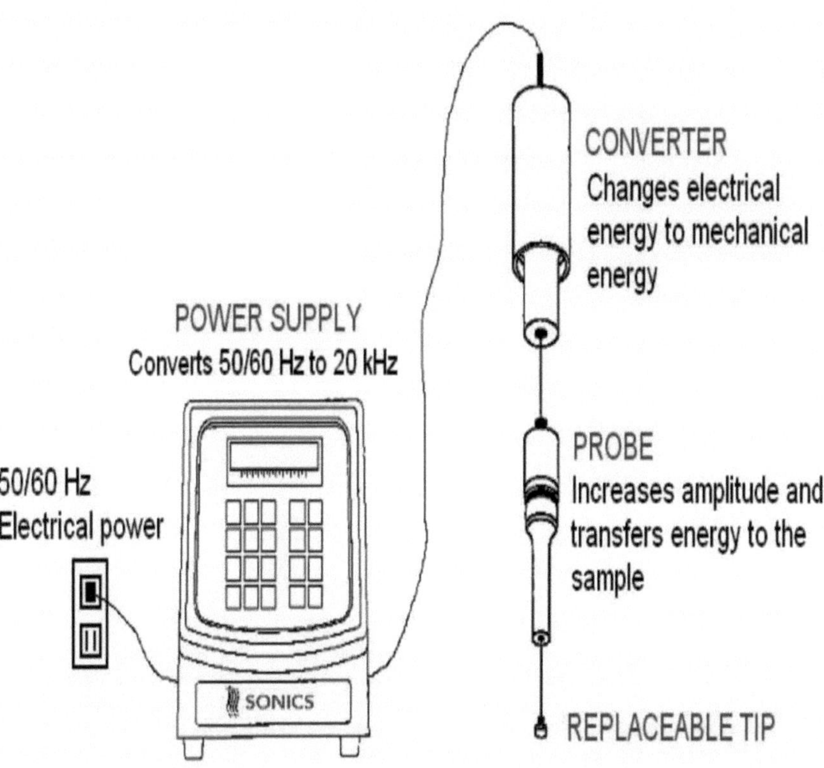

Şekil 2.1. Processador ultra-sónico (sistema de sonda)

2.2.1. Fornecimento de energia

O fornecimento de energia é a fonte de energia para o sistema ultra-sónico (Povey and Mason, 1998). Em geral, uma fonte de alimentação produz corrente eléctrica com uma certa potência nominal. A potência é regulada pelas definições de tensão (V) e corrente (I). A voltagem representa a energia potencial armazenada em electrões e é medida em volts. As fontes de alimentação especialmente concebidas para sonicação, concentram-se principalmente em aplicações de limpeza e desinfecção industrial. Normalmente funcionam na gama de baixa frequência (10 - 40 kHz).

2.2.2. Conversor

Todos os sistemas ultra-sónicos incluem um conversor como elemento central. O conversor converte mecanicamente a energia eléctrica em frequências ultra-sónicas. Os conversores piezoeléctricos são amplamente utilizados na indústria alimentar (Aleixo et al., 2004).

2.2.3. Sonda

A sonda, também chamada de reactor, transfere energia do conversor para a amostra A sonda também desempenha o papel de aumentar as vibrações ultra-sónicas enquanto transfere a energia para o produto.

Finalmente, a ponta substituível é a parte onde se consegue a ligação entre os alimentos e o ultra-som.

2.3. Aplicações da tecnologia de ultra-sons na indústria alimentar

2.3.1. Sonicação

O ultra-som de alta intensidade (20 a 100 kHz) é uma tecnologia acessível e fácil de usar utilizada para alterar as propriedades estruturais e funcionais das proteínas globulares (Jambrak et al., 2008).

O efeito das ondas sonoras ultra-sónicas é conseguido pelos efeitos químicos, mecânicos e físicos da cavitação acústica (Figura 2.2).

Este fenómeno de cavitação envolve a formação, crescimento e explosão intensa de pequenas bolhas no líquido como consequência da flutuação da pressão acústica.

A cavitação altera a estrutura quaternária e/ou terciária das proteínas globulares e decompõe os agregados proteicos, afectando:

- ligações e estruturas proteicas,
- ligações de hidrogénio, e
- interacções hidrofóbicas.

Muitos estudos relataram a utilização de ultra-sons para melhorar as propriedades emulsionantes das proteínas da soja (Lee et al., 2016; Yildiz et al., 2017; Yildiz et al., 2018).

A sonicação é uma das técnicas utilizadas para criar emulsões com gotículas muito pequenas. A sonicação pode ser definida como a aplicação de energia ultra-sónica a partículas agitadas numa amostra.

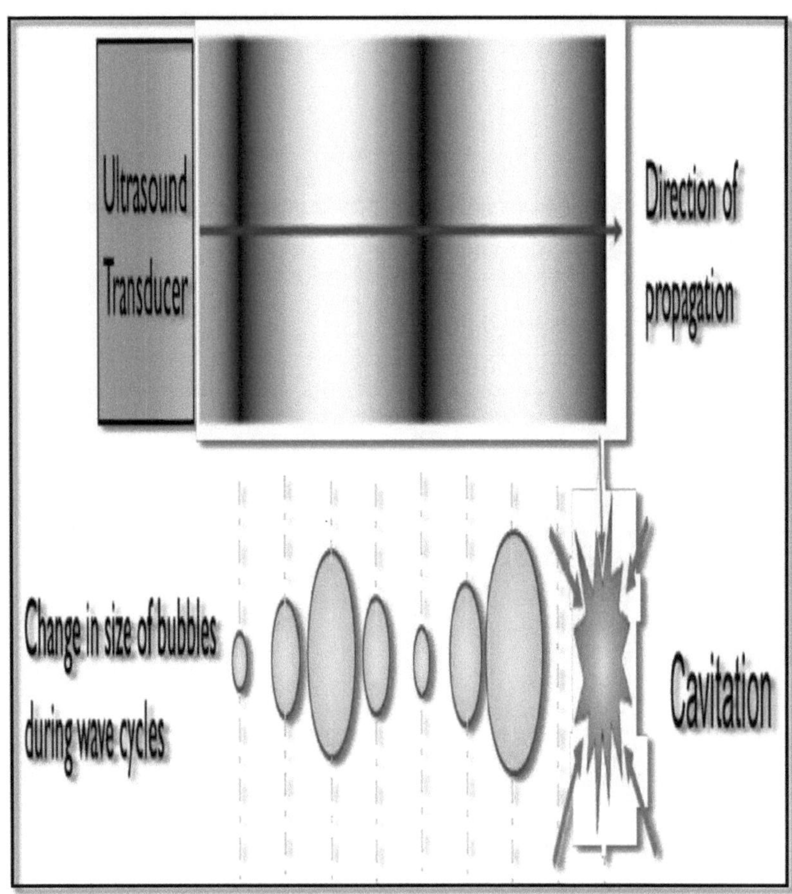

Figura 2.2. Fenómenos de cavitação acústica

Os sistemas de sonicação à escala laboratorial são amplamente utilizados em laboratórios de investigação para a produção de nanoemulsões. Estes dispositivos consistem numa sonda ultra-sónica contendo um cristal piezoeléctrico que transforma as ondas eléctricas em vibração mecânica. A sonda trata a amostra a ser homogeneizada e produz forças fortes com combinações de:

- cavitação,
- turbulência, e
- ondas de interface

(Kentish et al., 2014). A emulsificação com tecnologia ultra-sónica é realizada principalmente por dois mecanismos.

- Primeiro, a utilização de um campo acústico produz ondas interfaciais que provocam a queda da fase petrolífera no ambiente aquático sob a forma de gotículas.
- Em segundo lugar, a aplicação ultra-sónica de baixa frequência causa cavitação acústica, ou seja, uma simples onda sonora de microbolhas é formada pelas flutuações de pressão e depois colapsa. Cada colapso de bolhas (uma colisão à escala microscópica) causa um elevado nível de turbulência localizada (Figura 2.2). As microbolhas turbulentas actuam como um método muito eficaz para separar gotas primárias de óleo disperso em gotas de tamanho submicron (Forster, 1997).

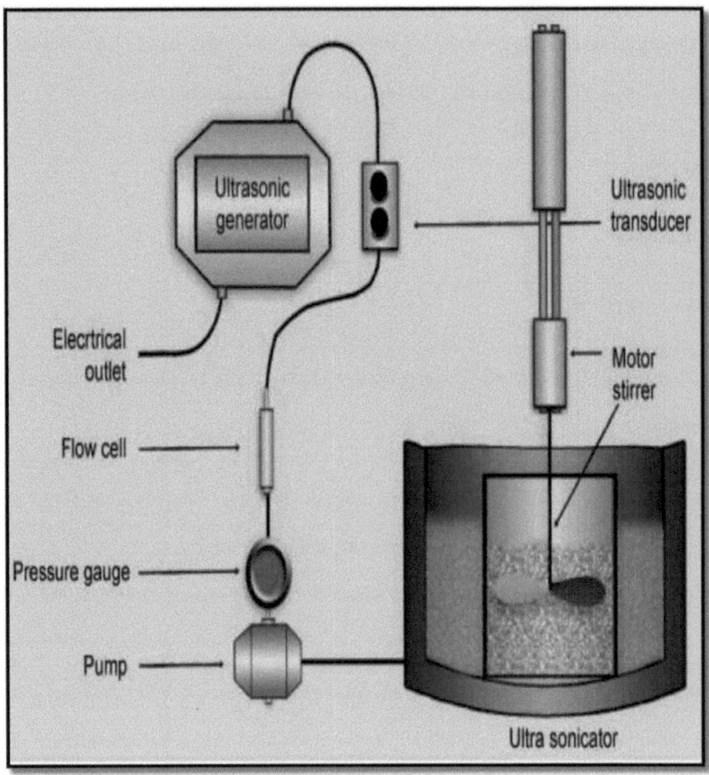

Figura 2.3. Emulsificação por tecnologia ultra-sónica

2.3.2. Manotermoseamento (MTS)

Para além de pressão e calor moderados, a sonicação é chamada de manothermosonicação (MTS). É uma espécie de tecnologia de obstáculos que combina 3 parâmetros diferentes:

1) Ultra-som,
2) calor, e
3) pressão.

No sistema MTS, um gerador VC-750 ultra-sónico é utilizado para transmitir energia acústica para o reactor encamisado. A frequência do gerador é de 20 kHz e a amplitude na ponta da sonda é de 124 microns. A temperatura no reactor é monitorizada por um casal térmico e controlada a ± 1 ° C de temperaturas alvo. A água em circulação é regulada misturando a água da torneira com o banho de água a uma temperatura pré-determinada.

No sistema de mano-termo-sonicação (MTS), o gás nitrogénio é utilizado como fonte de pressão (Lee et al., 2009). Tem sido relatado que a mano-termo-sonicação aumenta a actividade de cavitação acústica (formação, crescimento e explosão intensa de pequenas bolhas), o que é muito eficaz para atingir o processamento alimentar alvo (Kuldiloke., 2002).

O sistema de manotermização à escala laboratorial (MTS) é mostrado na Figura 2.4.

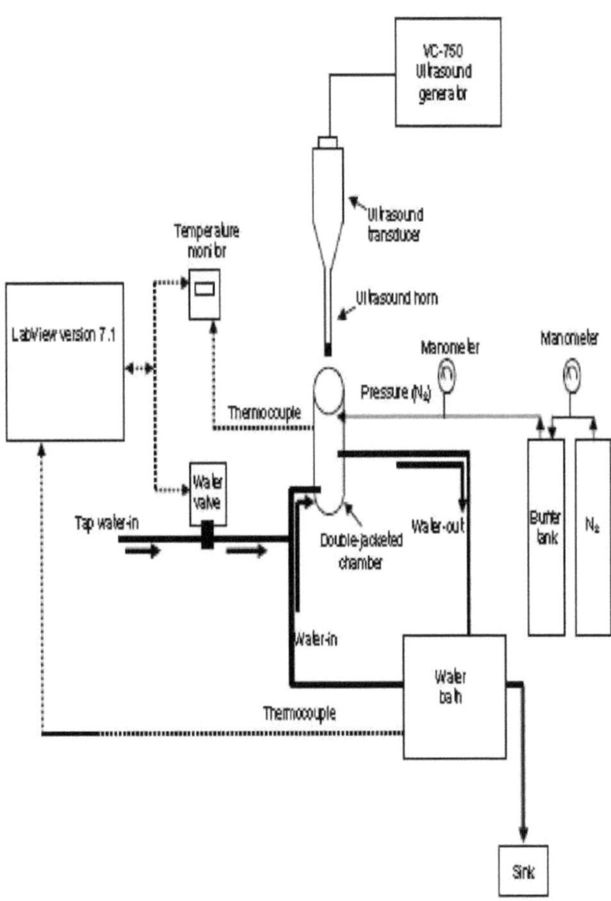

Figura 2.4. Sistema de manotermização à escala laboratorial (MTS) (Yildiz, 2017)

2.4. O efeito do ultra-som na qualidade sensorial e nutricional dos alimentos

Os alimentos e bebidas são sujeitos a uma série de processos para prolongar o prazo de validade. A pasteurização térmica é um procedimento preferido devido à sua eficácia na prevenção do crescimento microbiano em muitos tipos de bebidas, incluindo sumos de fruta.

A principal desvantagem deste processo é a utilização de temperaturas elevadas que podem levar a alterações bioquímicas e nutricionais indesejáveis que podem afectar as características de qualidade do produto final.

Os consumidores tendem a preferir sumos de fruta com um mínimo de perdas de nutrientes e gostos frescos.

A preservação da qualidade ou a melhoria dos materiais bioactivos, tais como antioxidantes ou vitaminas, será benéfica para os consumidores e produtores.

O uso da tecnologia ultra-sónica como processo não térmico atraiu grande interesse como alternativa ao uso de métodos térmicos tradicionais porque a ultra-sonografia parece ter um efeito mínimo sobre as propriedades sensoriais e nutritivas do sumo fresco.

Mais informação detalhada sobre aplicações e condições experimentais está disponível abaixo:

Abid et al. (2013) investigaram o efeito da ultra-sonicação sobre os diferentes parâmetros de qualidade do sumo de maçã. No estudo, amostras de sumo de maçã foram sujeitas a tosonicação a 25 kHz de frequência durante

- 30,
- 60, e
- 90 minutos

Não foram observadas alterações nos seus sucos de maçã tratados com ultra-sons:

- pH,
- acidez, e
- sólidos solúveis totais

Por outro lado, foram conseguidas mudanças e melhorias significativas, especialmente no

- ácido ascórbico,
- turbidez,
- compostos fenólicos, e
- capacidade antioxidante

de sumos de maçã tratados com ultra-sons.

Para além destes parâmetros de qualidade, a avaliação microbiológica de sumos de maçã tratados com ultra-sons resultou numa diminuição significativa da carga microbiana. Assim, o tratamento ultra-sónico melhorou a qualidade global do sumo de maçã, e demonstrou a aplicabilidade da ultra-sonicação na aplicação bem sucedida de sumos de maçã com segurança microbiana com produto de alta qualidade.

Num outro estudo, Santhirasegaram et al. (2015) estudaram os efeitos dos processos térmicos e não térmicos sobre os sumos de manga. Com este objectivo, os sumos frescos de manga foram tratados a 25° C durante 30 seg. e 60 segundos com tratamento térmico.

Além disso, o sumo de manga à temperatura ambiente foi tratado com a frequência de 40 kHz de ultra-sons durante

- 15,
- 30, e
- 60 min

Os sumos de manga submetidos tanto a tratamento térmico como a ultra-sons foram comparados durante 5 semanas com sumos de fruta não tratados em termos de

- cálculos fenólicos,
- actividade antioxidante, e
- propriedades sensoriais.

Os resultados do estudo mostraram que foram obtidos sucos de manga tratados com ultra-sons em comparação com os sucos de fruta fresca e tratados com calor:

- elevadas quantidades de preservação de substâncias fenólicas, e
- um aumento significativo da actividade antioxidante.

Além disso, a avaliação sensorial do sumo de manga tratado com ultra-sons resultou em pontuações mais elevadas por parte dos painelistas.

2.5. Inactivação microbiana

O objectivo da tecnologia no processamento alimentar é reduzir a população inicial de microrganismos a um nível seguro, danificando minimamente as características de qualidade do produto. No entanto, com algumas tecnologias em desenvolvimento, os microrganismos podem desenvolver-se ao longo do tempo como resultado da influência de um factor específico como, por exemplo;

- pressão,
- electricidade, ou
- ondas sonoras.

De facto, alguns factores têm realmente parado ou abrandado o aumento de microrganismos durante o processo. Foi demonstrado que a aplicação de ondas sonoras ultra-sónicas tem um efeito positivo na inactivação dos microrganismos, especialmente quando combinados com outros factores como a temperatura, e a pressão.

O ultra-som pode ser utilizado na esterilização do produto para aumentar a eficácia do processo de lavagem. Seymour (2002) relatou que quando o ultra-som foi utilizado em combinação com água com cloro, a população de *S. Typhimurium* na alface diminuiu 1,7 log, para além da redução de 0,7 log quando o ultra-som foi aplicado sozinho. O ultra-som também foi considerado eficaz na redução da população de *S. typhimurium* na pele do peito de frango. As aplicações de descontaminação numa solução clorada reduziram a contaminação de *S. Typhimurium* em 0,2 - 0,9 log, enquanto que o ultra-som e a água clorada reduziram a redução de log 2,4 - 3,9 (Lillard, 1994). A aplicação de ácido acético e ondas sonoras ultra-sónicas em combinação para efeitos de cascas de ovos limpas também foi investigada para efeitos de eficácia antimicrobiana.

Cruz-Cansino et al. (2015) estudaram o desenvolvimento das bactérias *Escherichia coli (E. coli)* no sumo de pêra tratado com um ultra-som.

No estudo, realizaram tratamento ultra-sónico à frequência de 20 kHz com amplitudes que mudaram de 60% para 90% durante

- 1 minuto,
- 3 minutos, e
- 5 minutos

tanto em sumos de pêra verde como de pêra roxa.

No final do estudo, o tratamento ultra-sónico aplicado durante 5 min a 90% de amplitude eliminou completamente as bactérias *E. coli* em ambos os sumos de pêra.

Para além da avaliação microbiológica, não foram observadas alterações nos parâmetros de qualidade dos sumos de pêra, como por exemplo;

- pH,
- acidez, e
- sólidos totais solúveis.

Num outro estudo, foram investigados os efeitos da ecografia na inactivação de vários agentes patogénicos humanos listados como abaixo.

- *Salmonella spp..,*
- *Listeria monocytogenes,*

- *Escherichia coli O157: H7,*
- *Staphylococcus aureus,* e
- *Cronobacter.*

Além disso, a ecografia tem sido relatada como eficaz contra os microrganismos listados abaixo, causando a deterioração dos alimentos:

1. bactérias aeróbias totais,
2. leveduras e bolores, e
3. bactérias ácido-lácticas.

No entanto, deve notar-se que a maioria da literatura sobre inactivação microbiana de ultra-sons não pode ser directamente comparada porque os autores testaram diferentes condições de processamento.

Vários parâmetros que estão listados abaixo podem influenciar a inactivação microbiana causada pelas ondas sonoras ultra-sónicas.

- A natureza das ondas ultra-sónicas,
- duração da exposição,
- temperatura de processo,

- tipos de microrganismos,
- volume de alimentos transformados, e

  composição dos alimentos.

Como resultado, o processo e as condições de aplicação (temperatura, pressão, etc.) deste processo devem ser cuidadosamente optimizados a fim de se obter o máximo efeito letal.

Enquanto os métodos convencionais, incluindo processos térmicos (aplicados por calor) como a pasteurização, e o tempo curto de alta temperatura (HTST) causam baixa qualidade sensorial e perda de nutrientes humanos, a tecnologia de ultra-sons é o oposto. Destina-se a inactivar microrganismos durante a aplicação de ondas sonoras ultra-sónicas, em particular pelo efeito da cavitação, sem causar alterações subtis ou qualquer redução na qualidade global dos alimentos. De acordo com a US Food and Drug Administration (FDA), 5 log de redução microbiana devem ser fornecidos para obter um produto seguro.

Cao et al. (2010) descobriram que o ultra-som é eficaz na conservação do morango quando armazenado em condições de 5°C.

É sabido que quando o tratamento térmico é comparado com outros métodos de conservação de alimentos, tem vantagens significativas em garantir a segurança alimentar e a protecção a longo prazo dos alimentos devido ao efeito destrutivo sobre as enzimas e microrganismos. Contudo, o efeito não específico da temperatura elevada provoca uma redução na qualidade nutritiva e sensorial dos alimentos e pode reduzir as propriedades funcionais dos alimentos. Foram feitas muitas tentativas para conceber métodos alternativos para a protecção e saneamento dos alimentos, a fim de evitar os efeitos indesejáveis da temperatura elevada.

Entre estes métodos alternativos, os mais preferidos e amplamente utilizados são:

- Alta Pressão Hidrostática,
- Campos Eléctricos Pulsados,

Campos Magnéticos de Alta Densidade, e

Ondas sonoras ultra-sónicas.

O efeito letal das ondas sonoras ultra-sónicas na inactivação microbiana dos alimentos é conhecido desde o início da década de 1930. Desde então, foram realizadas várias investigações para investigar o efeito das ondas sonoras ultra-sónicas e a combinação do ultra-som com outros factores na inactivação microbiana.

No início da década de 1970, observou-se que a sensação térmica dos esporos aumentava com as ondas sonoras ultra-sónicas. Mais tarde, foi demonstrado que as mesmas ondas sonoras ultra-sónicas têm um efeito fatal muito mais elevado do que a mesma aplicação de temperatura se aplicadas com calor (thermosonication).

No início dos anos 90, foram investigados efeitos de inactivação microbiana de manosonicação (pressão aplicada com ondas sonoras ultra-sónicas) e técnicas de manotermização (ondas sonoras ultra-sónicas, pressão e calor).

Como já foi mencionado, o efeito letal do ultra-som de alta potência sobre os microrganismos deve-se à cavitação. Quando as bolhas criadas pelo efeito da cavitação entram num campo ultra-sónico, ocorrem temperaturas e pressões elevadas no ponto de colisão. Por esta razão, podemos dizer que as ondas de choque de alta temperatura e pressão, ou ambas, são responsáveis pelo efeito letal do ultra-som.

Em geral, a cavitação é mais eficaz:

- bactérias gram-positivas,
- esporos,

de forma esférica, e

pequenas células redondas.

As bactérias Gram-positivas proporcionam melhor resistência às ondas sonoras ultra-sónicas devido às paredes celulares mais espessas (camada de peptidoglicano firmemente aderente).

Os esporos e fungos bacterianos mostram mais resistência ultra-sónica do que as bactérias. Os esporos são mais difíceis de destruir do que as células vegetativas em crescimento.

Numa experiência com sumos de fruta, foi relatado que o uso de ondas sonoras ultra-sónicas é uma estratégia adequada para controlar o crescimento de leveduras. Na primeira fase, a técnica de ondas sonoras ultra-sónicas foi testada contra as bactérias *Saccharomyces cerevisiae* inoculadas com diferentes sumos de fruta (morango, laranja, maçã, ananás e frutos vermelhos). Foram feitas experiências com:

- nível de potência (20-60 %), e
- tempo de operação (2-6 min)

Depois, o melhor tratamento entre estas combinações foi testado contra algumas outras leveduras fermentadoras como, por exemplo, as leveduras de fermentação:

- Pichia membranifaciens,
- Wickerhamomycesanomalus,
- Zygosaccharomycesbaili,

Zygosaccharomycesrouxi, e
Candida norvegica

Os resultados do estudo mostram que o efeito das ondas sonoras ultra-sónicas é principalmente influenciado pelo nível de potência e tempo de aplicação. A maior redução da bactéria *S. cerevisiae* foi encontrada nas seguintes combinações de design:

- Potência: 60 %, e
- Tempo: 4 minutos.

Estes resultados foram confirmados para outras leveduras

Finall, o estudo realizado com:

- ananás,
- uvas, e
- sumo de arando

foi testada a inactivação de *Saccharomyces cerevisiae* por termonicação durante 10 minutos a temperaturas inferiores:

- 40 C,°
- 50° C, e
- 60 C.°

Na inactivação de *S. cerevisiae*, 60 ° C foi considerado mais eficaz do que outras condições de temperatura. A inactivação total de *S. cerevisiae* no sumo de uva foi constatada como sendo de 7-log de redução após

10 minutos. Como resultado deste estudo, os autores concluíram que as ondas sonoras ultra-sónicas são uma opção adequada para a pasteurização de sumos de fruta.

2.6. Outras aplicações

As aplicações da onda sonora ultra-sónica em tais operações de processamento de alimentos foram investigadas abaixo:

a. Secagem,

b. desaguamento,

c. filtração,

d. separação de membranas,

e. salga e

f. desidratação osmótica

A aplicação de ondas sonoras ultra-sónicas em

- fatias de cenoura,
- fatias de cebola, e
- fatias de batata

foi estudada. O aumento das taxas de secagem em vários produtos foi observado. A secagem acústica oferece muitas vantagens em relação aos processos de secagem convencionais, uma vez que os alimentos sensíveis ao calor podem ser secos a uma temperatura mais baixa (cerca de 50-60 °C) do que os secadores de ar quente tradicionais (cerca de 100 - 115° C). Foram realizadas várias investigações em operações unitárias, tais como filtração por membrana assistida por ultra-sons e desidratação osmótica, bem como em processos como a cozedura com queijo e a cura com carne.

A emulsificação é outra aplicação de ondas sonoras ultra-sónicas. Quando a bolha colapsa perto dos limites de fase dos dois líquidos não misturados, a onda de choque resultante assegura as camadas de mistura de forma muito eficiente. As emulsões produzidas por ultra-sons têm uma série de vantagens, incluindo a estabilidade e a distribuição do tamanho médio das gotas sem a adição de surfactante. Para além do controlo da actividade enzimática, foi investigada a utilização de ultra-sons para a remoção de compostos bioactivos. No passado, foram publicados vários artigos sobre a utilização de ondas sonoras ultra-sónicas para extrair metabolitos herbais e flavonóides de vegetais utilizando substâncias bioactivas de uma série de solventes e plantas.

- Extractos de ervas,
- óleos de amêndoa,
- proteína de soja, e
- substâncias bioactivas de materiais vegetais, tais como flavonas e polifenóis, podem ser listadas entre elas.

Muitos estudos relataram a utilização de ultra-sons para melhorar as propriedades emulsionantes das proteínas da soja (Lee et al., 2016; Yildiz et al., 2017; Yildiz et al., 2018).

O corte por ultra-sons tornou-se cada vez mais comum na indústria de processamento alimentar nos últimos anos e produz cortes de alta qualidade e precisão (Yildiz et al., 2016). A tecnologia de ultra-sons também tem sido utilizada para "cortes limpos" de produtos alimentares pegajosos e quebradiços, incluindo nozes, passas e outras bolachas duras, utilizando lâminas ultra-sónicas. Um corte fraco resulta em desperdícios significativos em produtos esmagados, esmigalhados ou rasgados.

Por outro lado, os alimentos cortados por ultra-sons têm vantagens como, por exemplo:

- ter uma excelente face de corte,
- baixa perda de produto,
- menos deformação,
- produzindo produtos menos frágeis, e
- processamento de alimentos pegajosos (Yildiz et al., 2016).

A qualidade dos alimentos cortados por ultra-sons é afectada pelo tipo de alimentos que estão a ser congelados e descongelados. O corte de alimentos por ultra-sons encontrou áreas de aplicação para cortar produtos frágeis e heterogéneos (bolos, pastelaria e produtos de padaria) e oleosos (queijos) ou pegajosos (Arnold et al., 2009). Este método de corte tem sido utilizado para cortar queijo, produtos de padaria, produtos de confeitaria e outros alimentos prontos a comer (Schneider et al., 2002).

Os benefícios gerais do corte ultra-sónico de alimentos podem ser listados como:

- A qualidade da superfície cortada é visualmente excelente,
- O produto quase não está deformado,
- A aderência é reduzida,
- Os produtos multicamadas são facilmente cortados,
- O miolo e os detritos são consideravelmente reduzidos. Os produtos frágeis tendem a ser menos propensos à quebra (Mason, 1998).

O quadro 2.1 mostra os alimentos adequados para o corte ultra-sónico.

Quadro 2.1. Tipos de alimentos adequados para corte ultra-sónico

(Mason, 1998)

Bakery products	**Frozen products**	**Fresh products**
Bread	Cream cakes	Fish
Pastry	Pies	Meat
Pies	Ice cream	Vegetables
Cakes	Ice cream cakes	Bakery
Swiss rolls	Composite	Confectionery
Rich fruit cakes	Sorbets (not water ices)	Biscuits
Date and nut cakes		Cakes
Cream cakes		Bread
Tarts		
Lemon meringue pie		
Meringue		
Oatmeal biscuits		

Os parâmetros químicos gerais, tais como a oxidação lipídica e o valor de pH em amostras de queijo sujeitas a corte ultra-sónico mostraram diferenças significativas em comparação com o queijo que aplicava o método de corte tradicional. Os queijos cortados com ultra-sons mostraram valores de peróxido mais baixos, ajudando a reduzir a peroxidação lipídica. Além disso, todos os queijos cortados por ultra-sons mostraram uma aparência superficial brilhante e lisa, enquanto as amostras cortadas sem ultra-sons mostraram uma estrutura rugosa. Na avaliação sensorial dos queijos, os queijos cortados com e sem ultra-som foram avaliados em termos de cor, cheiro, sabor, e aceitabilidade geral. Os relatores avaliaram queijos com tratamento ultra-sonográfico com pontuações mais elevadas (Yildiz et al., 2016). É possível ver diferentes tipos de maçãs que são cortadas com e sem ultra-sons como abaixo (Figura 2.5). Enquanto cada um dos 2 tipos de maçãs cortadas com ultra-sons tem uma cor suave e mais clara, as maçãs cortadas sem ultra-sons têm uma cor mais rugosa e mais escura (Yildiz, 2013).

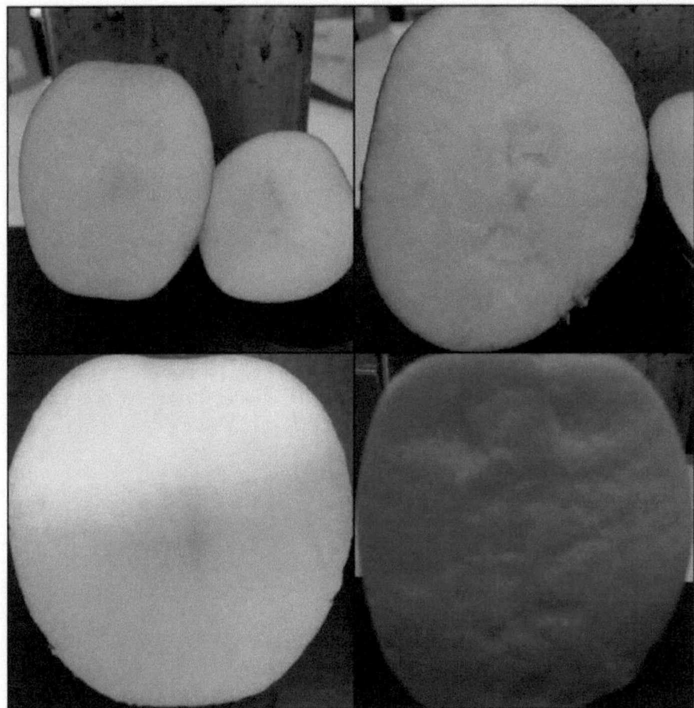

Figura 2.5. Imagens de superfície de corte ultra-sónico vermelho delicioso e dourado delicioso (Yildiz, 2013).*As imagens da esquerda mostram maçãs cortadas com ultra-sons, e as imagens da direita mostram maçãs cortadas sem ultra-sons.

CAPÍTULO 3

OBSERVAÇÕES FINAIS

Os efeitos adversos dos processos térmicos sobre o produto levam os fabricantes a evitar a utilização destes métodos. É exigido pelos consumidores que investiguem novos métodos de processamento alimentar que terão menos impacto na qualidade global dos alimentos e no valor nutricional. Como resultado das investigações, os processos não térmicos, uma das novas tecnologias, são aceites como técnicas que podem ser utilizadas com sucesso para obter um produto sem causar problemas sensoriais e nutricionais. Com estes métodos, as perdas de nutrientes causadas pela alta temperatura na estrutura dos alimentos e pelas propriedades sensoriais podem ser reduzidas. Neste sentido, a ultra-sonografia é vista como uma alternativa promissora.

O ultra-som encontra um campo de investigação em rápido crescimento com uma utilização crescente na indústria alimentar. A utilização de ultra-sons no processamento de alimentos cria novas metodologias que complementam as técnicas tradicionais. Em alguns casos, o ultra-som é eficaz contra os microrganismos nos alimentos. Diferentes parâmetros de processamento e alimentares podem afectar o efeito do ultra-som na inactivação dos microrganismos.

A aplicação de ultra-sons na indústria alimentar deve ser encorajada e devem ser feitos esforços para integrar sistemas eficientes de ultra-sons nas linhas de processamento alimentar para ajudar a produzir produtos alimentares microbiologicamente seguros e de alta qualidade.

REFERÊNCIAS

1. Abid, M., Jabbar, S., Wu, T., Hashim, M.M., Hu, B., Lei, S. 2013. Efeito do ultra-som em diferentes parâmetros de qualidade do sumo de maçã. Ultra-sons Sonoquímica, 20: 1182-1187.
2. Aleixo, P. C., Santos Júnior, D., Tomazelli, A. C., Rufini, I. A., Berndt, H., Krug, F. J. (2004). Determinação de cádmio e chumbo em alimentos por espectrometria de absorção atómica por feixe de chama de forno de injecção após preparação de amostras assistidas por ultra-sons. Analytica Chimica Acta, 512: 329-337.
3. Ananta, E., Voigt, D., Zenker, M., Heinz, V., Knorr, D. (2005). Lesões celulares por exposição de Escherichia coli e Lactobacillus rhamnosus a ultra-sons de alta intensidade. Journal of Applied Microbiology, 99: 271-278.
4. Arnold, G., Leiteritz, L., Zahn, S., Rohm, H. (2009). Corte ultra-sónico do queijo: a composição afecta a redução do trabalho de corte e a procura de energia. Int. Dairy J. 19: 314-320.
5. Banasiak, K. (2005). Notícias. Food Technology, 59(11), 13-14.
6. Bermudez-Aguirre, D., Barbosa-Canovas, G. V. (2008). Estudo do teor de gordura de manteiga no leite sobre a inactivação de Listeria innocua ATCC 51742 por termo-sonicação. Innovative Food Science and Emerging Technologies, 9(2): 176-185.
7. Cabeza, M. C., Ordonez, J. A., Cambero, I., De la Hoz, L., Garcia, M. L. (2004). Effect of thermoultrasonication on Salmonella enterica Serovar Enteridits in distilled water and intact shell eggs. Journal of Food Protection, 67(9): 1886-1891.
8. Cao, S., Hu, Z., Pang, B., Wang, H., Xie, H., Feng, W.(2010). Efeito do tratamento com ultra-sons na deterioração da fruta e manutenção da qualidade no morango após a colheita. Controlo alimentar 21: 529-532
9. Chandrapala, J., Oliver, C., Kentish,S., Ashokkumar. M. (2012). Ultrasonics in food processing - Food quality assurance and food safety, Trends in Food Science and Technology. 26: 88-98.

10. Cruz-Cansino, N.S., Reyes-Hernandez, I., Delgado-Olivares, L., Jaramillo- Bustos, D.P., Ariza-Ortega, J.A., Ramirez-Moreno, E. (2015). "Effect of ultrasound on survival and growth of Escherichia coli in cactus pear juice during storage", Brazilian Journal of Microbiology, 47: 431-437.

11. Earnshaw, R. G., Appleyard, J., Hurst, R.M. (1995). Compreender os processos de inactivação física: Oportunidades de preservação combinadas utilizando calor, ultra-som e pressão. International Journal of Applied Microbiology, 28: 197-219.

12. Forster, T. (1997). Princípios de formação de emulsões em surfactantes em cosmética. Rieger, M.M., & Rhein, L.D., editores. Nova Iorque: Marcel Dekker, 105 - 25.

13. Furuta, M., Yamaguchi, M., Tsukamoto, T., Yim, B., Stavarache, C. E., Hasiba, K., Maeda, Y. (2004). Inactivação da Escherichia coli por irradiação ultra-sónica. Ultrasonic Sonochemistry, 11(2): 57-60.

14. Guerrero, S., Tognon, M., Alzamora, S. M. (2005). Resposta de Saccharomyces cerevisiae à acção combinada de ultra-sons e quitosano de baixo peso. Controlo alimentar, 16: 131-139.

15. Jambrak, A. R., Mason, T. M., Lelas, V., Herceg, Z., Herceg, I. L. (2008). J. Food Eng. Vol. 86, p. 281-287.

16. Kentish, S., Feng, H. (2014). Aplicações do ultra-som de potência no processamento de alimentos. Annual Review of Food Science and Technology, 5: 263-284.

17. Klima, R. A., Montville, T. J. (1995). As respostas regulamentares e industriais à listeriose nos EUA: Um paradigma para lidar com agentes patogénicos emergentes de origem alimentar. Tendências em matéria alimentar Ciência e Tecnologia, 6: 87-93.

18. Ko, S., e Grant, S. A. (2003). Desenvolvimento de um novo método FRET para a detecção de Listeria ou Salmonella. Sensores e Actuadores, B96, 372-378.

19. Kozak, J., Balmer, T., Byrne, R., Fisher, K. (1996). Prevalência de Listeria monocytogenes nos

alimentos: Incidência em produtos lácteos. Controlo de alimentos, 7(4-5): 215-221.

20. Kuldiloke, J. (2002). Efeito dos tratamentos por ultra-sons, temperatura e pressão sobre a actividade enzimática e indicadores de qualidade de sumos de fruta e vegetais. Doutoramento TU-Berlin.

21. Lee, H., Zhou, B., Liang, W., Feng, H., Martin, S.E. (2009). Inactivação *de* células de *Escherichia coli* com sonicação, manosonicação, thermosonicação, e manotermossonicação: respensos microbianos e modelação cinética. J. Ing. alimentar 93: 354-364.

22. Lee, H., Yildiz, G., Dos Santos, L.C., Jiang, S., Andrade, J., Engeseth, N.C., Feng, H. (2016). Nano-agregados de proteína de soja com propriedades funcionais melhoradas, preparados por tratamento sequencial de pH e ultra-sons. Hidrocoloides alimentares, 55: 200-209.

23. Lillard, H.S. (1994). Descontaminação da pele das aves de capoeira por sonicação. Tecnologia Alimentar Dezembro: 72-73.

24. Manas, P., Pagan, R., Raso, J. (2000). Previsão do efeito letal das ondas ultra-sónicas sob tratamentos de pressão sobre Listeria monocytogenes ATCC 15313 através de medições de potência. Journal of Food Science, 65(4): 663-667.

25. Manas P., Pagan R (2005). Activação microbiana através de novas tecnologias de conservação de alimentos. J. Appl. Microbiol. 98: 1387-1399.

26. Mason, T.J. (1998). Uma introdução ao corte ultra-sónico de alimentos. In: *Ultrasound in Food Processing,* editado por Povey, M.J.W. e Mason, T.J. New York: Blackie Academic& Professional, pp.254-269.

27. McClements, D. J., Decker, E. A. (2000). Oxidação lipídica em emulsões óleo na água: impacto do ambiente molecular nas reacções químicas em sistemas alimentares heterogéneos. J. Food Sci. 65(8): 1270-1282.

28. McLauchlin, J. (2006). Listeria. In: Motarjemo, Y., e Adams, M. (eds.), Emerging Foodborne

Pathogens, pp. 406-428. Boca Raton, FL, CRC.

29. Mohan Nair, M. K., Vasudevan, P., Venkitanarayanan, K. (2005). Efeito antibacteriano do óleo de semente negra sobre Listeria monocytogenes. Food Control, 16: 395-398.

30. Motarjemi, Y., Adams, M. (2006). Introdução. In: Motarjemo, Y., e Adams, M. (eds.), Emerging Foodborne Pathogens, pp. xvii-xxii Boca Raton, FL, CRC.

31. Pagan, R., Manas, P., Alvarez, I., Condon, S. (1999). Resistência de Listeria monocytogenes a ondas ultra-sónicas sob pressão a temperaturas subletais (manosonicação) e letais (manothermosonicação). Microbiologia alimentar, 16: 139-148.

32. Pelczar, M. J., Reid, R. D. (1972). Microbiologia, pp. 783-807. Nova Iorque, McGraw-Hill.

33. Ramisetty, K.A., Pandit, A.B., Gogate, P.R. (2015). Preparação assistida por ultra-sons de emulsão de óleo de coco em água: Compreensão do efeito dos parâmetros de funcionamento e comparação dos desenhos dos reactores, Chem.Eng.Process: Intensif. do processo. 88: 70-77.

34. Sala, F.J., Burgos, J., Condon, S., Lopez, P., Raso, J. (1995). Efeito do calor e dos ultra-sons sobre microrganismos e enzimas. Em G. W. Gould (Ed.), New Methods of Food Preservation, 176-204.

35. Santhirasegaram, V., Razali, Z., George, D.S., Somasundram, C. 2015. Efeitos do processamento térmico e não térmico nos compostos fenólicos, actividade antioxidante e atributos sensoriais do sumo de manga Chokanan (Mangifera indica L.). Food Bioprocess Technology, 8: 2256-2267.

36. Schneider, Y., Zahn, S., Linke, L. (2002). Avaliação qualitativa do processo para corte ultra-sónico de alimentos. Engenharia em Ciências da Vida. 2: 153-157.

37. Seymour IJ, Burfoot D, Smith RL, Cox LA, Lockwood A. (2002). Descontaminação por ultra-sons de frutas e legumes minimamente processados. Int J. Food Sci. Technol. 37: 547-57.

38. Tsukamoto, I., Constantinoiu, E., Furuta, M., Nishimura, R., Maeda, Y. (2004a). Efeito de inativação da sonicação e cloração em Saccharomyces cerevisiae. Análise calorimétrica. Ultrasónica Sonoquímica, 11: 167-172.

39. Tsukamoto, I., Yim, B., Stavarache, C.E., Furuta, M., Hashiba, K., Maeda, Y. (2004b). Inactivação de Saccharomyces cerevisiae por irradiação ultra-sónica. Ultrasónica Sonoquímica, 11: 61-65.

40. Ugarte-Romero, E., Feng, H., Martin, S.E. (2007). Inactivação de Shigella boydii 18 IDPH e Listeria monocytogenes Scott A com ultra-sons de potência a diferentes densidades e temperaturas de energia acústica. Journal of Food Science, 72(4): M103-M107.

41. Vollmer, A.C., Kwakye, S., Halpern, M., Everbach, E.C. (1998). Respostas a tensão bacteriana a 1-megahertz pulsado ultra-som na presença de micro-bolhas. Appliron Microbiol 64: 3927-3931.

42. Wrigley, D. M., Llorca, H. G. (1992). Diminuição de Salmonella typhimurium no leite desnatado e no ovo por calor e tratamento ultra-sónico por ondas. Journal of Food Protection, 55(9): 678680.

43. Yildiz, G. (2013). Corte ultra-sónico de queijo e maçãs - efeito sobre os atributos de qualidade durante o armazenamento. Tese (MSc), Universidade de Illinois, Champaign, IL.

44. Yildiz, G., Rababah, T., Feng, H. (2016). Corte por ultra-sons de queijos cheddar, mozzarella e suíço - Efeitos nos atributos de qualidade durante o armazenamento. Inovador Ciência Alimentar e Tecnologias Emergentes, 37: 1-9.

45. Yildiz, G., Andrade, J., Engeseth, N.C., Feng, H. (2017). Nanoagregados de proteínas de soja funcionalizantes com mudança de pH e mano-termo-sonicação. Journal of Colloid and Interface Science, 505: 836-846.

46. Yildiz, G., Ding, J., Andrade, J., Engeseth, N.J., e Feng, H. (2018). Efeito dos complexos proteína-polissacáridos vegetais produzidos por mano-termo-sonicação e mudança de pH na estrutura e estabilidade das emulsões de óleo na água. Innovative Food Science and Emerging Technologies, 47: 317-325.

47. Zenker, M., Heinz, V., Knorr, D. (2003). Aplicação de processamento térmico assistido por ultra-sons para conservação e retenção de qualidade de alimentos líquidos. Journal of Food Protection, 66(9): 1642-1649.

Biografias de Autores

O Dr. Gulcin Yildiz formou-se no Departamento de Engenharia Alimentar da Universidade de Selcuk em Konya, Turquia. Depois de passar por um processo competitivo de selecção a nível nacional, foi premiada com uma bolsa de pós-graduação pelo Ministério da Educação turco. Em Agosto de 2011, iniciou o seu mestrado na Universidade de Illinois em Urbana-Champaign, EUA. Depois de ter feito o seu mestrado em 2013, iniciou o seu estudo de doutoramento na mesma universidade. Durante o seu estudo de doutoramento, trabalhou em processamento não térmico, incluindo a homogeneização de alta pressão e tecnologia de ultra-sons. Depois de tirar o seu grau de doutoramento em 2017, voltou para a Turquia. Trabalha actualmente no departamento de engenharia alimentar da Universidade de Igdir.

Áreas de Investigação: Nanotecnologia; processamento não térmico; alimentos funcionais; encapsulamento; secagem por congelação; processamento de alimentos; tecnologia de ultra-sons.

Gokcen Izli formou-se no Departamento de Engenharia Alimentar da Universidade de Selcuk em Konya, Turquia. Trabalhou como assistente de investigação na Universidade de Uludag, Faculdade de Agricultura, Departamento de Engenharia Alimentar entre 2009 e 2016. Em 2014, recebeu o seu grau de doutor pela Universidade de Uludag e começou a trabalhar como professora assistente na Universidade Técnica de Bursa em 2016. Trabalha actualmente no departamento de engenharia alimentar da Universidade Técnica de Bursa.

Áreas de Investigação: Processamento de fruta e vegetais, tecnologia de secagem, tecnologia de fermentação, química alimentar.

Printed by Books on Demand GmbH, Norderstedt / Germany